Muhammad Usman
Abdul Rehman
Talha Hassan

Correção do Fator de Potência para Sistemas de Conversão de Energia FV

AF524604

Muhammad Usman
Abdul Rehman
Talha Hassan

Correção do Fator de Potência para Sistemas de Conversão de Energia FV

ScienciaScripts

Imprint

Any brand names and product names mentioned in this book are subject to trademark, brand or patent protection and are trademarks or registered trademarks of their respective holders. The use of brand names, product names, common names, trade names, product descriptions etc. even without a particular marking in this work is in no way to be construed to mean that such names may be regarded as unrestricted in respect of trademark and brand protection legislation and could thus be used by anyone.

Cover image: www.ingimage.com

This book is a translation from the original published under ISBN 978-3-659-53459-1.

Publisher:
Sciencia Scripts
is a trademark of
Dodo Books Indian Ocean Ltd. and OmniScriptum S.R.L publishing group

120 High Road, East Finchley, London, N2 9ED, United Kingdom
Str. Armeneasca 28/1, office 1, Chisinau MD-2012, Republic of Moldova, Europe
Printed at: see last page
ISBN: 978-620-8-35575-3

Copyright © Muhammad Usman, Abdul Rehman, Talha Hassan
Copyright © 2024 Dodo Books Indian Ocean Ltd. and OmniScriptum S.R.L publishing group

CONTEÚDO

RESUMO

A energia renovável, como a energia solar, é desejável para a produção de eletricidade devido à sua existência ilimitada e à sua natureza amiga do ambiente. A energia solar é a forma mais abundante de energia renovável que tem um enorme potencial nos países ricos em sol, como o Paquistão. No entanto, o seu custo é demasiado elevado para favorecer uma boa penetração da energia solar no sistema elétrico do país.

Este projeto tem como objetivo conceber e desenvolver um inversor monofásico muito eficiente e económico com seguimento do ponto de máxima potência (MPPT), através da implementação de uma nova técnica designada por One Cycle Control (OCC). A corrente de saída do inversor pode ser ajustada de acordo com a tensão do conjunto fotovoltaico (PV) de modo a extrair a máxima potência do mesmo. Ao mesmo tempo, o OCC garante que a corrente de saída é proporcional e está em fase com a tensão da rede. Tudo isto é conseguido num único estágio de potência e num simples circuito de controlo. A novidade do OCC é o facto de o sistema de conversão de energia baseado no OCC garantir a qualidade da energia, bem como o seguimento do ponto de máxima potência numa única fase.

Assim, um inversor ligado à rede pode aumentar não só a acessibilidade do utilizador, mas também a penetração da energia solar no nosso sistema de energia.

CAPÍTULO 1: INTRODUÇÃO

1.1. Linha de base

Como sabemos, os combustíveis fósseis estão a esgotar-se e o mundo está a avançar para fontes de energia renováveis, além de que os combustíveis fósseis criam muitos problemas ambientais. Assim, a era das energias renováveis começou e os cientistas estão dispostos a encontrar fontes de energia que sejam não só renováveis mas também amigas do ambiente. Até agora, os investigadores descobriram muitas fontes de energia renováveis e conseguiram produzir eletricidade. As principais fontes de energia renováveis são

- Energia solar
- Energia eólica
- Energia das marés
- Célula de combustível

Diferentes países estão a utilizar estas fontes para satisfazer as suas necessidades energéticas a diferentes escalas e estão a tentar aumentar a percentagem de eletricidade produzida a partir de fontes de energia renováveis. Ao longo do tempo, têm sido desenvolvidos diferentes métodos para aumentar a eficiência destes recursos.

O Paquistão é um país que tem muitas vantagens potenciais no que respeita às fontes de energia renováveis. É um dos países mais ricos no que respeita às fontes de energia renováveis. A energia eólica, solar, das marés, em suma, são formas de energia renovável presentes no Paquistão e em grande quantidade, ou seja, a Índia tem 45 000 megawatts (MW) de potencial de energia eólica e uma superfície muito maior, o Paquistão tem pelo menos 50 000 MW de potencial[1] . Da mesma forma, o Paquistão tem um enorme potencial solar.

1.2. Potencial solar no Paquistão

O Paquistão é um país rico em sol, onde o sol aquece a superfície durante todo o ano, pelo que existe um enorme potencial solar. Foram efectuados muitos estudos para analisar a viabilidade da energia solar, que demonstram que a energia solar pode ser um candidato potencial para satisfazer as necessidades energéticas do Paquistão. Muitas empresas governamentais e privadas começaram a explorar o potencial solar do Paquistão.

1.3. Importância

Para o Paquistão, as energias renováveis têm muitas caraterísticas importantes, algumas das quais são apresentadas de seguida:

- A utilização de combustíveis fósseis aumentou rapidamente nas últimas décadas e agora estão a esgotar-se. Por conseguinte, temos de pensar em fontes de energia renováveis para satisfazer as nossas futuras necessidades energéticas.

- A procura de energia no Paquistão está a aumentar continuamente e, devido à instabilidade política no país, este não tem sido capaz de desenvolver as futuras necessidades energéticas.

- Por conseguinte, neste momento, o país enfrenta uma grave crise energética e, devido à indisponibilidade de energia, as indústrias não estão a funcionar. Por isso, a economia do Paquistão está a cair continuamente. Neste momento, o Paquistão necessita intensamente de planear o desenvolvimento de fontes de energia instantâneas. Por conseguinte, a energia solar é uma necessidade do Paquistão não só neste momento, mas também no futuro.

- O aquecimento global é um tema muito atual. A utilização de combustíveis fósseis para gerar eletricidade causou um rápido aumento da temperatura global no último século, pelo que é hoje uma grande preocupação. Uma das grandes vantagens da energia solar é o facto de ser amiga do ambiente.

- A energia solar é uma parte importante do excitante conceito de tecnologias futuras, ou seja, a rede inteligente.

1.4. Objetivo do PROJECTO

Devido às razões acima mencionadas, decidimos utilizar o potencial solar do Paquistão. Neste projeto, o nosso objetivo é:

- Estudar os conceitos de Eletrónica de Potência como amplificadores de potência, multiplicadores de frequência, amplificadores de tensão, amplificadores de corrente, inversores, reguladores de tensão, etc.

- Aplicar todos os conceitos e conhecimentos teóricos envolvidos

- Criar um modelo de trabalho de um projeto rentável e eficaz para utilizar a energia solar de forma eficiente.

1.5. ORGANIZAÇÃO DO RELATÓRIO:

Este relatório é redigido de acordo com as instruções do formato oficial do relatório final de ano da NUST- SEECS e inclui os seguintes capítulos:

1.5.1. Capítulo 1 "Introdução":

Este capítulo contém a introdução básica ao projeto, a sua importância, os seus objectivos e a sua organização.

1.5.2. Capítulo 2 "Revisão da literatura":

Este capítulo envolve todos os conhecimentos teóricos que recolhemos de diferentes fontes e que deduzimos a partir delas. Os conceitos básicos sobre o projeto também são apresentados neste capítulo.

1.5.3. Capítulo 3 "Funcionalidade e conceção":

Este capítulo envolve a funcionalidade do produto final que pretendemos produzir e a sua possível conceção.

1.5.4. Capítulo 4 "Aplicação e discussão dos resultados":

Este capítulo apresenta o processo de implementação do projeto, os desafios enfrentados e os resultados obtidos.

1.5.5. "Referências":

Esta parte cita as referências que foram consultadas ao longo das etapas de realização deste projeto.

1.5.6. "Apêndices":

Esta parte contém recursos importantes utilizados durante a realização do projeto.

CAPÍTULO 2: REVISÃO DA LITERATURA

2.1. Viabilidade da energia solar no Paquistão

A recente crise energética no Paquistão fez com que muitas organizações nacionais e multinacionais se preocupassem com a utilização eficiente de recursos energéticos renováveis para satisfazer a procura de energia. Foram efectuados muitos estudos para analisar a viabilidade do potencial solar. Em 7 de maio de 2012, foi publicada uma revista conjunta do Departamento Meteorológico do Paquistão e do Centro Internacional de Investigação, Instituto de Física Atmosférica (CAS), Pequim, China. O estudo foi realizado para explorar as áreas mais adequadas para a utilização da energia solar. A intensidade de radiação solar mais baixa, 76,49 W/m2 , foi observada em Cherat, em dezembro, e a mais elevada, 339,25 W/m2 , em Gilgit. A intensidade média mensal da radiação solar mantém-se entre 136,05 e 287,36 W/m2 no país. Os resultados indicam que os valores da intensidade da radiação solar superiores a 200 W/m2 foram observados nos meses de fevereiro a outubro em Sindh, março a outubro em Gilgit e março a dezembro em Gilgit: fevereiro a outubro em Sindh, março a outubro em quase todas as regiões do Baluchistão, abril a setembro em NWFP, Áreas do Norte e regiões de Caxemira, enquanto março a outubro em Punjab. Durante 10 horas por dia, a intensidade média da radiação solar varia entre 1500 W/m2/dia e 2750 W/m2/dia no Paquistão, especialmente nas regiões do sul do Punjab, Sindh e Baluchistão, ao longo do ano. Numa área de 100 m2, 45 MW a

Nas regiões acima referidas, podem ser gerados 83 MW de eletricidade por mês [2].

A figura abaixo mostra o potencial solar no Paquistão.

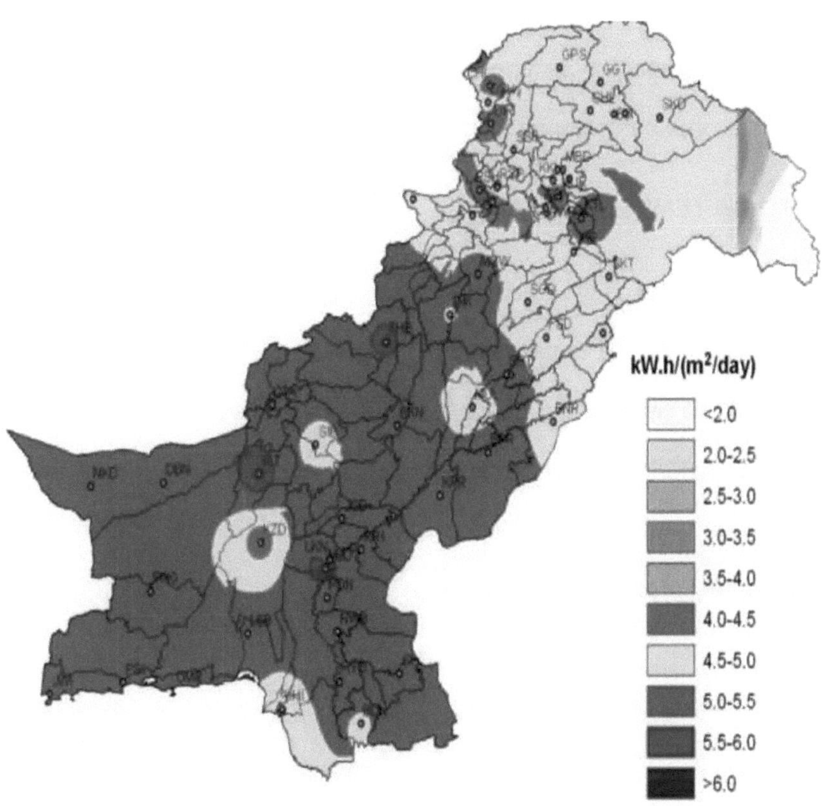

Figura 1 potencial solar no Paquistão

2.2. Caraterísticas da energia solar

A energia que extraímos do painel solar depende muito das condições ambientais. Para obter uma quantidade constante e razoável de energia da célula fotovoltaica, esta deve funcionar em condições específicas. Há muitos factores que afectam a eficiência da célula fotovoltaica. Os principais factores ambientais que afectam a energia da célula fotovoltaica são a temperatura e a intensidade da luz. Além disso, o ponto de funcionamento da célula FV determina a potência de saída da célula FV. Há um ponto de funcionamento específico em que se pode extrair a potência máxima; funcionar noutro ponto qualquer é um desperdício de energia. Estes factores serão explicados um a um.

2.2.1. EFEITO DA TEMPERATURA

Como todos os outros dispositivos semicondutores, as células fotovoltaicas são afectadas por alterações de temperatura. O aumento da temperatura reduz o intervalo de banda da célula solar; por conseguinte, é necessária menos energia para quebrar a ligação. A tensão de circuito aberto da célula FV é o parâmetro mais afetado pela mudança de temperatura. O impacto do aumento da temperatura é apresentado em seguida.

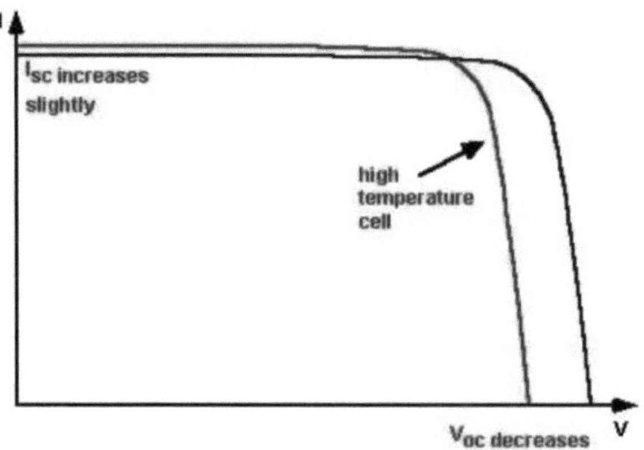

Figure 2 Temperature Effect [3]

A tensão de circuito aberto diminui com a temperatura devido à dependência da temperatura de Io. A equação para Io é;

$$I_0 = qA\frac{Dn_i^2}{LN_D}$$

(2.2.1)

Onde:

q é a carga eletrónica

D é a difusividade do portador minoritário

L é o comprimento de difusão do portador minoritário; ND é a dopagem

ni é a concentração intrínseca de portadores

Na equação acima, a concentração intrínseca de portadores tem o efeito mais significativo. A equação para a concentração intrínseca de portadores é [3]

$$n_i^2 = 4\left(\frac{2\pi kT}{h^2}\right)^3 (m_e^* m_h^*)^{3/2} \exp\left(-\frac{E_{G0}}{kT}\right) = BT^3 \exp\left(-\frac{E_{G0}}{kT}\right)$$

(2.2.2)

Substituindo a Eq. 2.2.2 na Eq. 2.2.1

$$I_0 = qA\frac{D}{LN_D}BT^3 \exp\left(-\frac{E_{G0}}{kT}\right) \approx B'T^\gamma \exp\left(-\frac{E_{G0}}{kT}\right)$$

(2.2.3)

O efeito de Io em Voc pode ser calculado substituindo a Eq.2.2.3 na equação para Voc do seguinte modo

$$V_{OC} = \frac{kT}{q}\ln\left(\frac{I_{SC}}{I_0}\right) = \frac{kT}{q}[\ln I_{SC} - \ln I_0] = \frac{kT}{q}\ln I_{SC} - \frac{kT}{q}\ln\left[B'T^{\gamma}exp\left(-\frac{qV_{GO}}{kT}\right)\right]$$
$$= \frac{kT}{q}\left(\ln I_{SC} - \ln B' - \gamma\ln T + \frac{qV_{GO}}{kT}\right)$$

(2.2.4)

Tomando agora a derivada da Eq.2.2.4 em função da temperatura e tratando todas as outras como constantes;

$$\frac{dV_{OC}}{dT} = \frac{V_{OC} - V_{GO}}{T} - \gamma\frac{k}{q}$$

(2.2.5)

A equação acima mostra claramente o efeito da temperatura sobre Voc; quanto maior o Voc, menor é o efeito da temperatura.

2.2.2. EFEITO DA INTENSIDADE DA LUZ

A alteração da intensidade da luz incidente na célula solar altera todos os parâmetros solares. Estes incluem a tensão de circuito aberto, a eficiência, o impacto das resistências em série e em derivação, o fator de campo e a corrente de curto-circuito. A figura abaixo mostra o efeito da intensidade da luz na célula fotovoltaica.

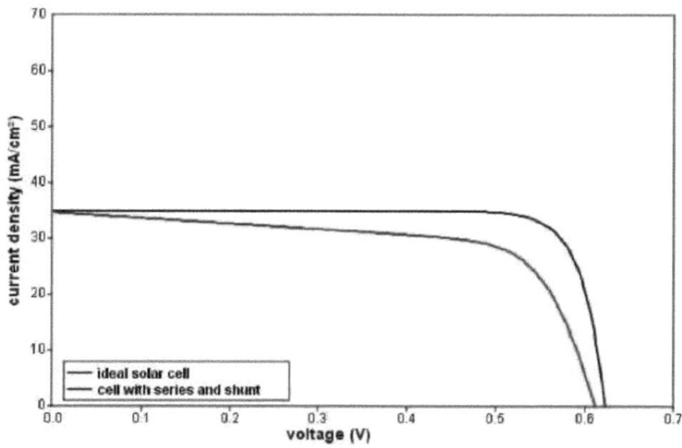

Figura 3 Efeito da intensidade da luz

As células fotovoltaicas sofrem variações diárias na intensidade da luz. A uma intensidade muito baixa, o efeito da resistência de derivação torna-se importante. Com a diminuição da intensidade da luz, a resistência equivalente da célula FV aproxima-se da resistência de derivação. Quando estas duas resistências são iguais, a corrente que flui através da resistência de derivação aumenta, o que leva à perda de potência. Por conseguinte, é desejável uma resistência de derivação elevada para obter cada vez mais energia da célula FV.

Existem muitos outros parâmetros que afectam o comportamento da célula fotovoltaica com a alteração das condições ambientais, mas os acima mencionados são os mais importantes que nos preocupam.

2.2.3. PONTO DE POTÊNCIA MÁXIMA

O que é o ponto de potência máxima, como é afetado pela carga e porque precisamos de funcionar no MPP? Estas perguntas serão respondidas nesta secção.

A célula fotovoltaica tem um ponto de funcionamento específico no qual podemos aproveitar a potência máxima; o funcionamento em qualquer outro ponto resultará num desperdício de energia. O ponto de funcionamento da célula fotovoltaica é afetado pela carga; com as variações de carga, a tensão e a corrente de saída da célula fotovoltaica variam, pelo que temos de encontrar um ponto ótimo em que possamos aproveitar a potência máxima da célula fotovoltaica. As figuras abaixo ilustram melhor o conceito.

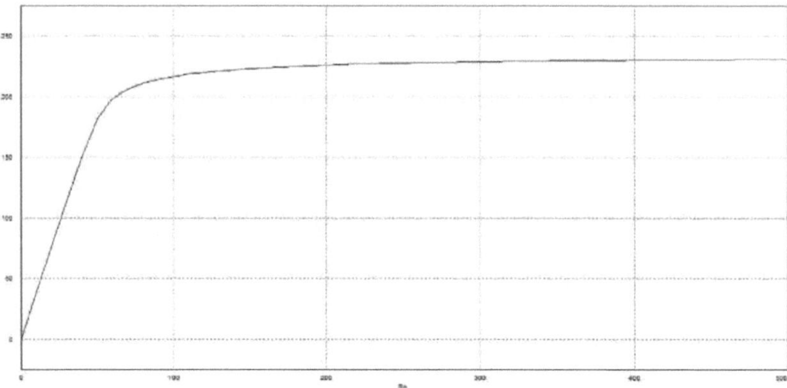

Figura 4 Variações da tensão de saída

A figura demonstra as variações da tensão de saída com a carga. É evidente que, à medida que a carga aumenta, a tensão de saída também aumenta.

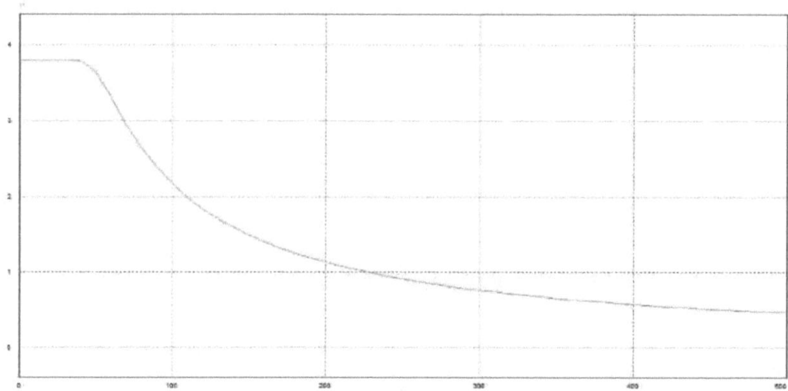

Figura 5 Variação da corrente de saída

A figura demonstra as variações da corrente de saída com a carga. É evidente que, à medida que a carga aumenta, a corrente de saída diminui.

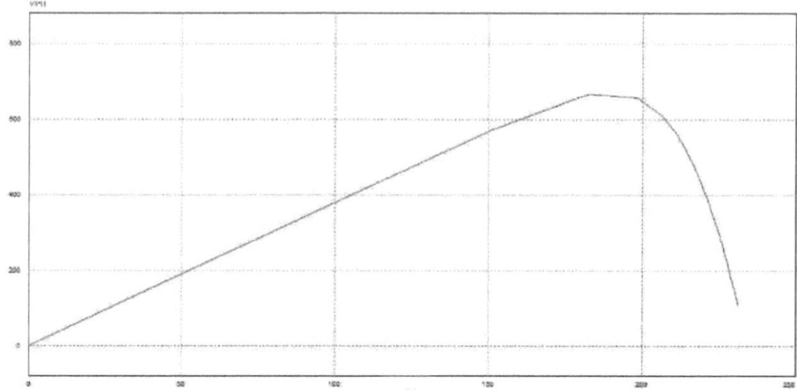

Figura 6 Ponto de potência máxima

Este é o gráfico que era um dos principais objectivos do nosso projeto. O gráfico foi desenhado entre a potência de saída no eixo y e a tensão de saída no eixo x. Este gráfico mostra claramente a variação da potência de saída com a tensão de saída. Assim, no nosso projeto, o nosso objetivo era operar a célula fotovoltaica no ponto de pico de potência que é chamado de ponto de potência máxima. Há muitos métodos que estão a ser utilizados para localizar este ponto. Isto será explicado nas secções seguintes.

2.3. MÉTODOS PARA UTILIZAR A ENERGIA SOLR

A energia solar é utilizada há muitos anos. Foram desenvolvidos diferentes métodos para utilizar a energia solar.

2.3.1. MÉTODOS CONVENCIONAIS

O método mais comum de utilização da energia solar é o conversor buck CC-CC que efectua o seguimento do ponto de máxima potência. Para converter esta saída CC em CA, é utilizada outra fase CC-CA. O diagrama de blocos demonstra o conceito.

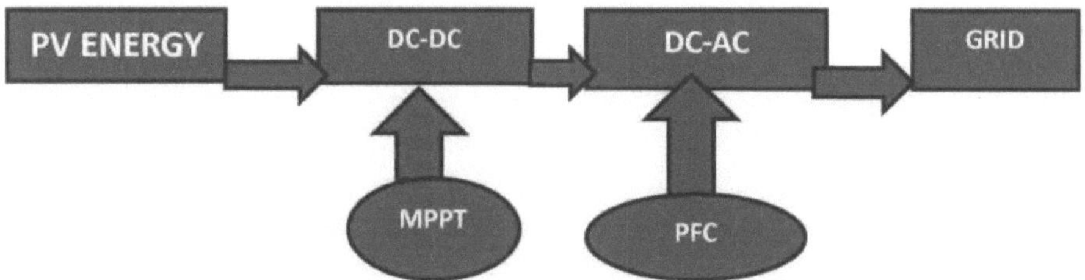

O diagrama de blocos acima clarifica o conceito de controlo convencional. O MPPT é realizado no estágio CC-CC e a correção do fator de potência no estágio CC-CA. No controlo convencional, os impulsos do rácio de serviço são produzidos comparando o sinal de referência de controlo com um sinal em dente de serra. Como resultado, a referência de controlo é modulada linearmente no sinal da relação de serviço:

$$d=\alpha Vref \quad (2.3.1)$$

Em que α é uma constante. Com a realimentação, a equação acima torna-se

$$d=\alpha\ (Vref-Vo) \quad (2.3.2)$$

Um conversor buck com realimentação convencional é apresentado na Fig. 7. O rácio de serviço é modulado na direção para reduzir o erro.

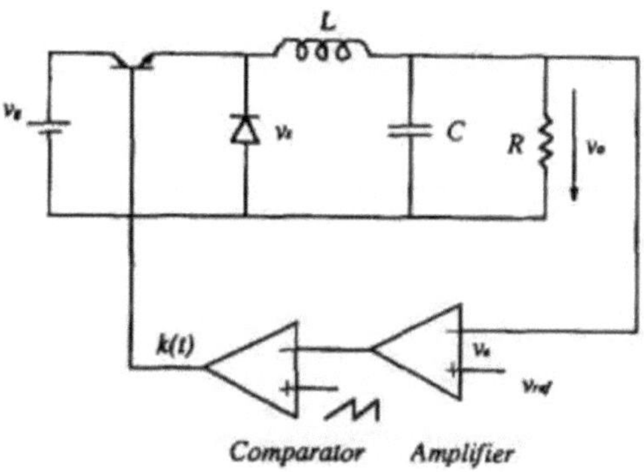

Figura 7 Controlo convencional

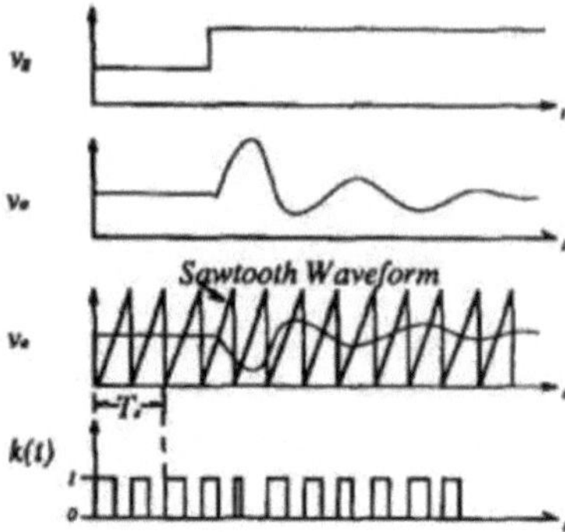

Figura 8 Resultados do controlo convencional

Supondo que a tensão de entrada é perturbada, por exemplo, por um grande aumento, o controlo do rácio de serviço não vê a mudança instantaneamente, uma vez que o sinal de erro tem de mudar primeiro. Por conseguinte, a tensão de saída salta para cima e observa-se a típica ultrapassagem transitória da tensão de saída, como ilustrado na Fig. O sinal de realimentação é comparado com a referência e o erro é amplificado para controlar o rácio de serviço. A duração do transitório é ditada pela largura de banda do ganho de laço e é necessário um grande número de ciclos de comutação antes de se atingir o limite do estado estacionário. A saída é sempre influenciada pela perturbação da tensão de entrada . Além disso, a adição de um filtro de entrada pode causar oscilações devido a interações com o regulador buck de circuito fechado originalmente estável [4].

2.3.2. CONTROLO DE UM CICLO

A técnica de controlo de um ciclo para conversores de comutação foi proposta pelo Professor

Keyue Ma Smedley [4]. O controlo de um ciclo é uma técnica de controlo não linear que controla a taxa de funcionamento de um interrutor em tempo real, de modo a que, em cada ciclo, o valor médio da forma de onda cortada na saída seja exatamente igual à referência de controlo [4].

As principais caraterísticas desta técnica são:

- Rejeição da perturbação da tensão de entrada em cada ciclo
- Seguir rapidamente a referência de controlo em cada ciclo

Estas caraterísticas desta técnica distinguem-na das técnicas convencionais. Estas são caraterísticas muito desejáveis das técnicas de controlo para conversores de comutação. A figura abaixo mostra o diagrama de circuito de um conversor buck controlado pela técnica de controlo de um ciclo [4]. A tensão de saída do conversor buck é o valor médio da tensão do díodo, que é igual à área sob a curva de tensão do díodo dividida pelo período de tempo [4].

$$V_s = \frac{1}{T_s}\int_0^{T_s} v_s dt = \frac{1}{T_s}\int_0^{dT_s} v_g dt. \qquad (2.3.2)$$

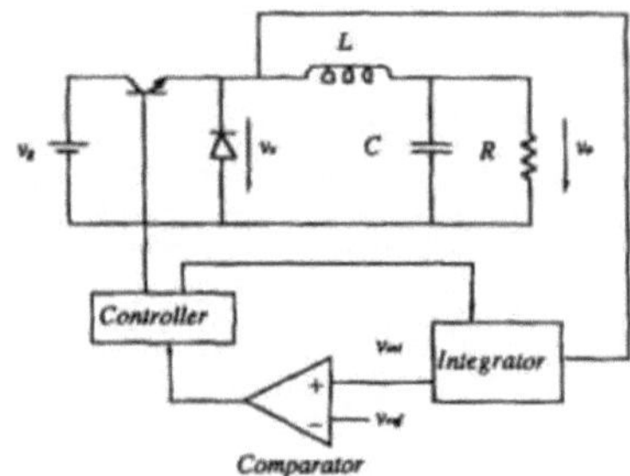

Figura 9 Conversor Buck com

controlo de um

ciclo

O princípio de funcionamento desta técnica de controlo é que o controlador utiliza impulsos de frequência constante para ligar o interrutor e o integrador no mesmo momento. O integrador tira a média da tensão que aparece através do díodo e compara-a com a referência de controlo. No momento em que o valor médio se torna igual à referência de controlo, o controlador desliga o interrutor. O interrutor permanece desligado até ao início do ciclo de comutação seguinte e o interrutor é novamente ligado. Desta forma, o controlador certifica-se de que, em cada ciclo de comutação, o valor da tensão de saída permanece igual à referência de controlo.

Se a referência de controlo for constante, então a média da tensão do díodo é constante; por conseguinte, a tensão de saída é constante, como se mostra na Fig. O declive da integração é diretamente proporcional à tensão de entrada. O valor de integração é continuamente comparado com a referência de controlo. Quando a tensão de entrada é mais elevada, o declive da integração é mais acentuado; por conseguinte, o valor de integração atinge a referência de controlo mais rapidamente. Como resultado, o rácio de funcionamento é menor. Quando a tensão de entrada é mais baixa, o rácio de funcionamento é maior

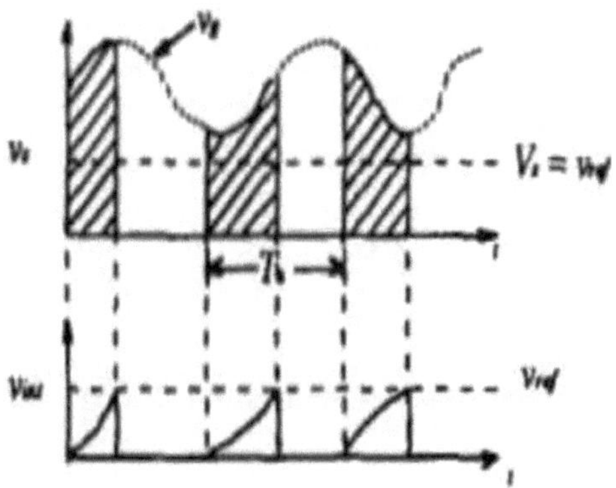

Figura 10 Variação da tensão de entrada

Se a referência de controlo estiver a mudar, então a média da tensão do díodo é igual à referência de controlo variável em cada ciclo. A figura mostra o caso em que a referência de controlo altera o seu valor num único passo para cima. O valor de integração da tensão do díodo acompanha imediatamente a referência de controlo.

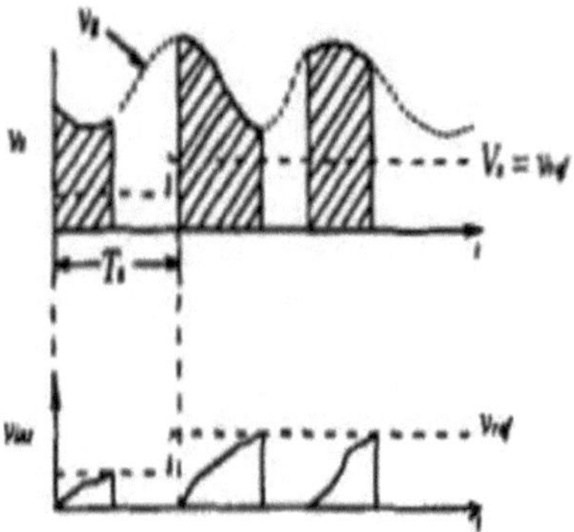

Figura 11 Mudança de referência

Com este esquema de controlo, o rácio de funcionamento d é determinado por

$$\frac{1}{T_s}\int_0^{dT_s} v_g dt = v_{ref}.$$

(2.3.3)

Esta é uma função não linear da tensão de entrada e da referência de controlo. Com este controlo não linear, a tensão de saída do conversor buck é linear em relação à referência de controlo,

$$v_o = \frac{v_{ref}}{1 + \frac{L}{R}S + LCS^2}.$$

(2.3.4)

Se este conceito de controlo for realizável na prática, o transitório do valor médio da tensão do díodo seria corrigido num ciclo de comutação. Este esquema de controlo é definido como Controlo de Um Ciclo [4].

CAPÍTULO 3: METODOLOGIA

O projeto foi realizado de forma sistemática. Como se tratava de um novo conceito e não havia muita informação disponível na Internet, passámos a maior parte do tempo a estudar e a provar o conceito. No nosso projeto, o controlo de um ciclo era uma técnica nova, pelo que começámos por estudar esta técnica e fazer simulações para provar o seu conceito e funcionamento. Nesta secção, é apresentada uma breve explicação do modo como progredimos para atingir o nosso objetivo

3.1. PROVA DE CONCEITO

Nesta fase, o nosso objetivo básico era provar o conceito e o funcionamento da teoria do controlo de um ciclo. Para o efeito, simulámos um conversor buck e, para controlar a saída de acordo com a referência, começámos por utilizar o método de controlo convencional e, em seguida, o método de controlo de um ciclo. Por comparação, descobrimos que o controlo através de um ciclo era muito melhor do que o controlo convencional. Os diagramas de circuito e os resultados são apresentados a seguir. As principais caraterísticas do controlo de um ciclo que estudámos na revisão da literatura foram comprovadas através desta etapa. Estas caraterísticas principais são

- Rejeição de perturbações da tensão de entrada
- Seguir rapidamente a referência em cada ciclo

3.2. Conversor Buck com controlo convencional

3.2.1. Esquema:

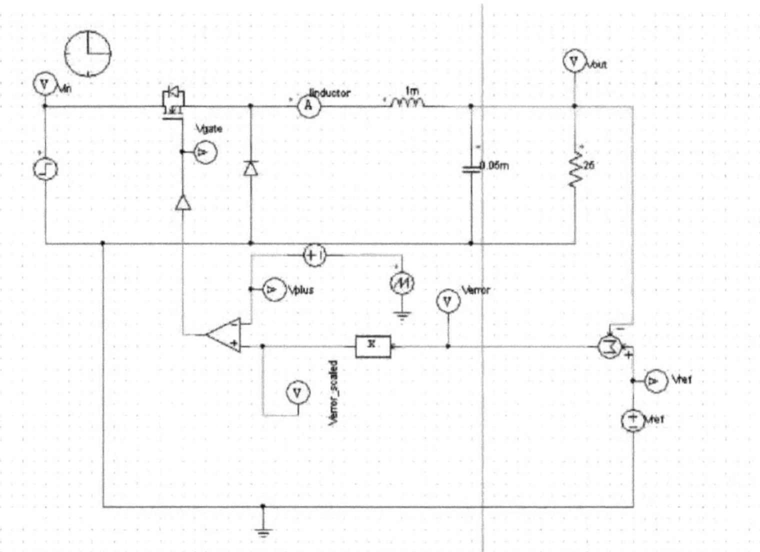

Figura 12 Conversor Buck com controlo convencional

3.2.2. Resultados

Para provar a superioridade do controlo de um ciclo em relação ao controlo convencional, analisámos o conversor buck controlado pelo controlo convencional através da perturbação da tensão de entrada e da variação do ponto de referência. Foram obtidos os seguintes resultados.

Tensão de entrada Perturbação

Foi dada uma variação gradual na tensão de entrada e observou-se a saída. Observou-se que não só a instabilidade surgiu na saída, como também a tensão de saída se afastou da tensão de referência.

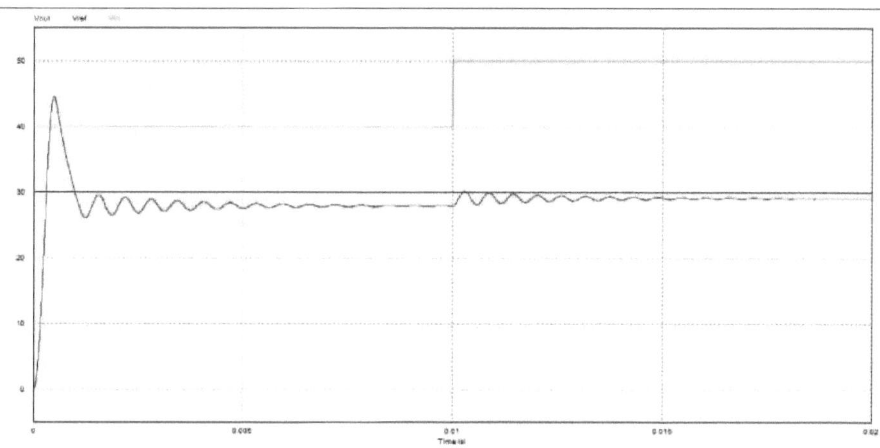

Figura 13 Variação gradual da tensão de entrada

Eixo X: Tempo

Eixo Y: Vin (verde), Vout (vermelho),

Referência (azul)

A linha vermelha é a tensão de saída e a linha azul é a tensão de referência. Ao alterar a entrada, a instabilidade e o aumento do erro são evidentes na figura. O erro entre a referência e a saída deve-se ao tipo de sistema que poderia ser reduzido através da aplicação do controlo PID, mas isso não foi preocupação.

Alteração do ponto de referência

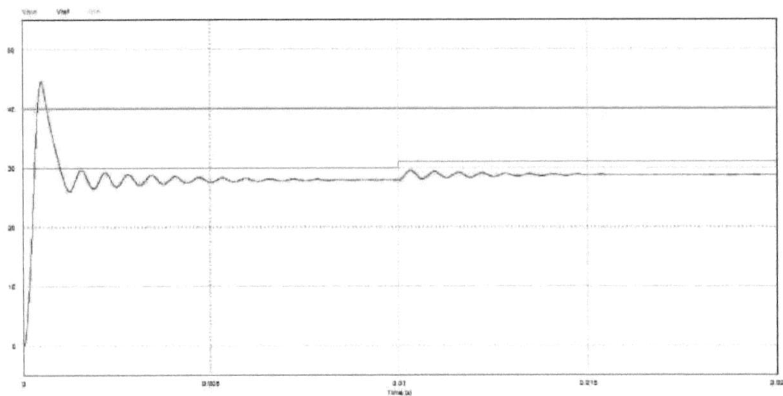

Figura 14 Variação da tensão de referência

Eixo X: Tempo

Eixo Y: Vin (verde), Vout (vermelho),

Vreference (azul)

Ao alterar a referência, observou-se instabilidade na saída. Também se verificou um erro no estado de estudo, sendo necessário outro sistema de controlo para eliminar este erro.

3.3. CONVERSOR BUCK COM CONTROLO DE UM CICLO

3.3.1. . Esquema:

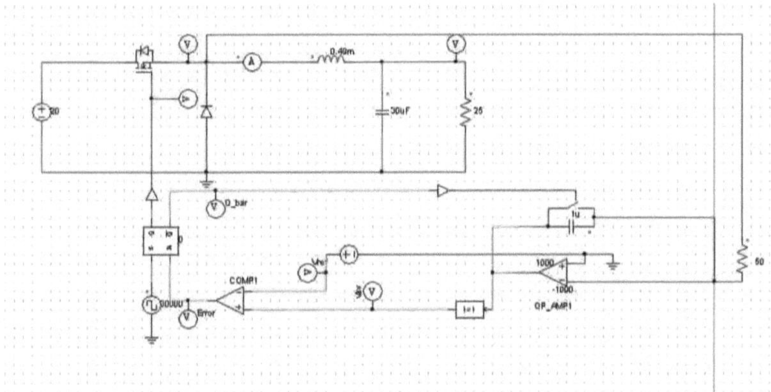

Figura15 Conversor Buck com controlo de um ciclo

3.3.2. Resultados

<u>Rejeição de Perturbação da Tensão de Entrada</u>

Para provar a caraterística mais importante da técnica de controlo de um ciclo, que é a rejeição de perturbações na tensão de entrada, foi aplicada uma variação de passo na entrada do conversor buck. Na saída, não foi detectada qualquer instabilidade e não foi encontrado qualquer erro de estado estacionário. Os resultados são claros na figura 16.

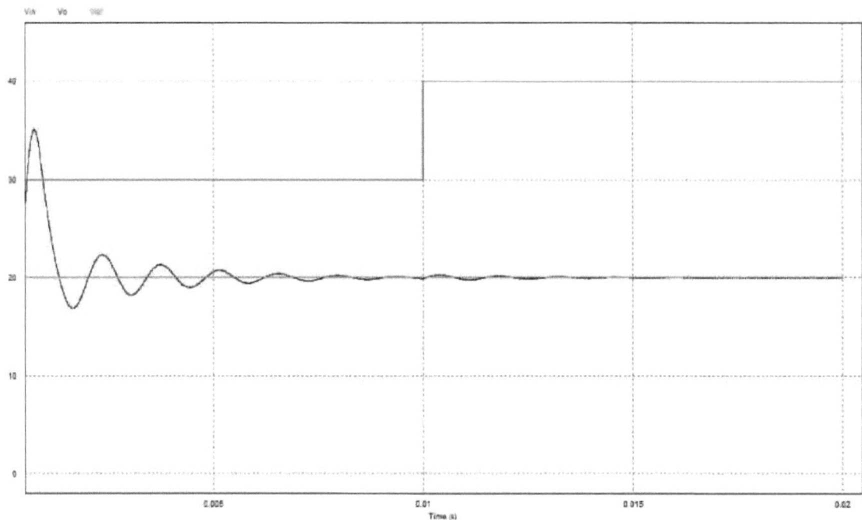

Figura 16 Variação gradual da entrada

Eixo X: Tempo

Eixo Y: Vin (vermelho), Vout (azul), Vreference (verde)

A perturbação da tensão de entrada foi rejeitada com êxito por esta técnica de controlo, ao passo que no controlo convencional se observou uma instabilidade e um aumento do erro.

<u>Alteração do ponto de referência</u>

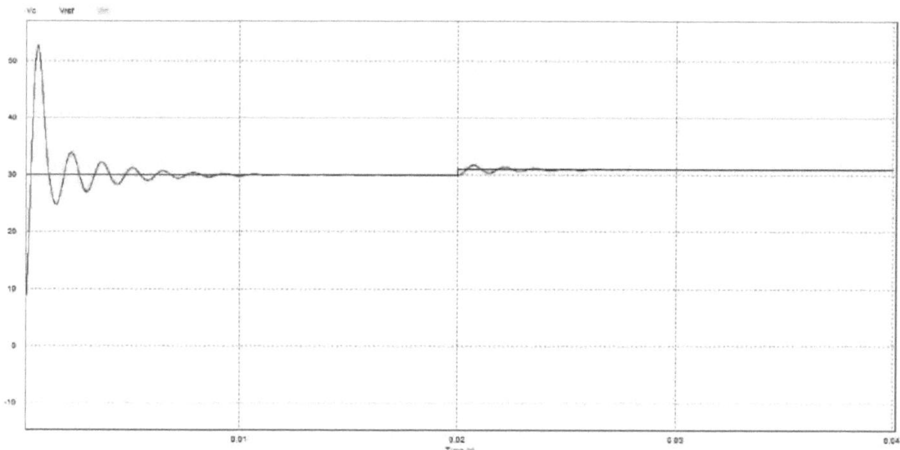

Figura 17 Alteração da referência

Eixo X: Tempo

Eixo Y: Vin (verde), Vout (vermelho), Vreference (azul)

Ao alterar a referência, não foi observada qualquer instabilidade na saída.

Depois disto, o conceito de controlo de um ciclo foi provado com sucesso e estávamos prontos para avançar para a implementação do controlo de um ciclo para a correção do fator de potência da corrente das células fotovoltaicas.

3.4. CONTROLO DE UM CICLO PARA CORRECÇÃO DO FACTOR DE POTÊNCIA

Depois de provar o conceito de controlo de um ciclo, este foi implementado para corrigir o fator de potência da corrente que flui das células fotovoltaicas para a rede. Este era um dos principais objectivos do nosso projeto.

3.4.1. Esquema

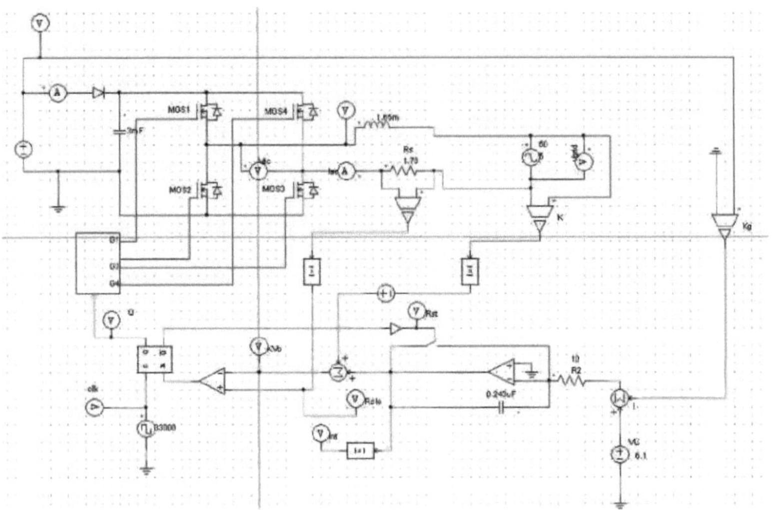

Figura 18 Correcções do fator de potência

Este é o esquema para a correção do fator de potência. Para já, foi utilizada uma fonte constante em vez de células fotovoltaicas, apenas por simplicidade. Os valores dos parâmetros foram escolhidos de acordo com as diretrizes dadas em [4]. Alguns parâmetros importantes são apresentados de seguida.

- Kg=0,3 ganho de tensão de Vinput para o circuito de controlo

- K=0,65 ganho de tensão de Vgrid para o circuito de controlo

- Este ganho de tensão é selecionado para limitar a corrente de saída. Isto define o limite superior para a corrente e, consequentemente, para a potência de saída. Não existe uma equação específica para encontrar o seu valor; normalmente, é selecionado o mais elevado possível para obter a máxima potência de saída.

- Vc=6,1 Valor de referência para a tensão de saída máxima da célula fotovoltaica.

- Aqui, este valor é selecionado para produzir um erro nulo à saída do integrador.

- R=10Ω,C=0.24uF

- Estes dois parâmetros definem a constante de tempo do integrador.

Frequência do relógio=33KHz

- Define o período de comutação e dos comutadores.

3.4.2. Resultados

Corrente de saída

Esta é a corrente de saída das células fotovoltaicas. Queríamos que esta corrente acompanhasse a tensão da rede para que o fator de potência se tornasse quase um. As figuras abaixo mostram o que obtivemos

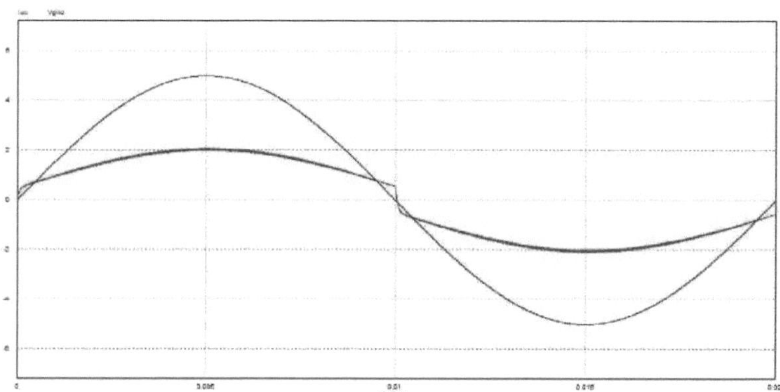

Figura 19 Corrente de saída

Eixo X: Tempo

Eixo Y: Tensão da grelha (azul),

corrente de saída

(vermelho)

A figura mostra claramente que a corrente está a seguir a tensão da rede. Calculámos o fator de potência utilizando o software que é apresentado abaixo.

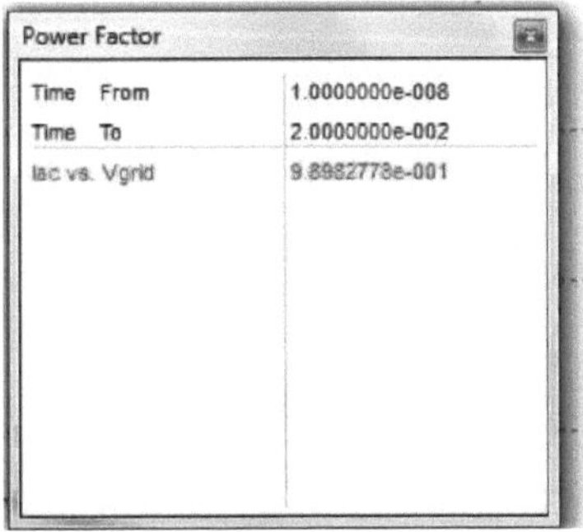

Figura 20 Fator de potência

A Fig. 3.8 mostra claramente que o fator de potência é 0,98, ou seja, quase igual a um.

3.4.3Validade dos resultados

Se o nosso resultado estava certo ou errado, isto foi confirmado comparando o nosso resultado com uma verificação básica que é dada em [4].

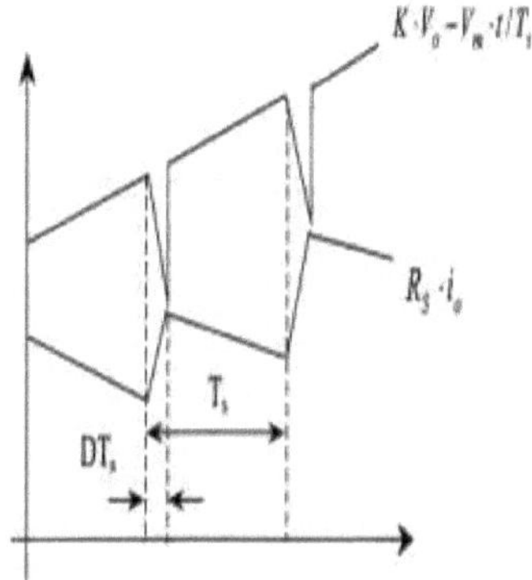

Figura 21 Equação de controlo

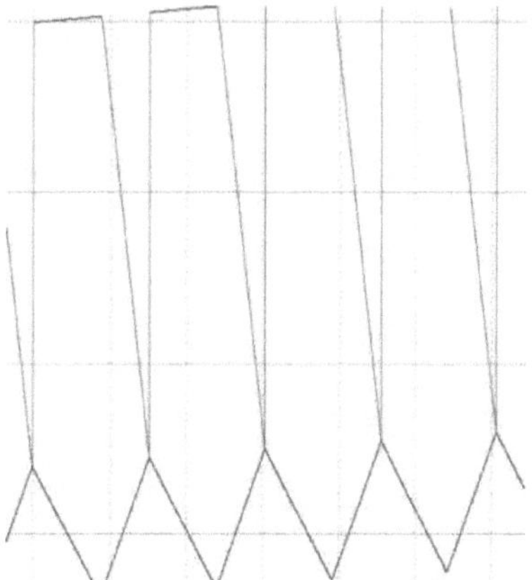

Figura 22 Conformidade com a equação de controlo

Na Fig3.9a [4] é feita uma verificação básica para confirmar se o nosso circuito de controlo está a funcionar bem, e na Fig3.9b é apresentado o resultado obtido. É evidente que o nosso resultado é válido. A diferença entre os declives das figuras anteriores deve-se a parâmetros diferentes para níveis de potência diferentes.

CAPÍTULO 4: DISCUSSÃO

4.1 TRABALHO FUTURO

Neste projeto, o nosso objetivo era estudar uma técnica nova e muito versátil para converter a energia das células fotovoltaicas com seguimento do ponto de potência máxima e correção do fator de potência, de modo a poder ajudar a ultrapassar a crise energética no Paquistão. Provámos o conceito básico e a filosofia desta técnica e está em curso mais trabalho para transformar estes resultados num protótipo prático.

4.2 CONCLUSÃO

Esperamos que o nosso projeto forneça uma boa base para explorar o potencial das energias renováveis no Paquistão. Isto não só ajudará a reduzir a crise energética, como também ajudará a ultrapassar a poluição ambiental causada pelos combustíveis e gases utilizados nas formas convencionais de produção de energia. Também ajudará a adotar novas técnicas em vez das técnicas convencionais para utilizar as energias renováveis. Estas técnicas são mais eficientes e económicas do que as técnicas convencionais.

APÊNDICE-A

Código do inversor

```
int Gate1=2;
int Gate2=3;
int Gate3=7;
int Gate4=8;
void setup()
{
pinMode(Gate1,OUTPUT);
pinMode(Gate2,OUTPUT);
pinMode(Gate3,OUTPUT);
pinMode(Gate4,OUTPUT);
digitalWrite(Gate1,LOW);
digitalWrite(Gate2,LOW);
digitalWrite(Gate3,LOW);
digitalWrite(Gate4,LOW);     //Serial.begin(9600);
}
void loop()
{
digitalWrite(Gate1,LOW);
digitalWrite(Gate4,LOW);
delayMicroseconds(200);//Dead time
digitalWrite(Gate2,HIGH);
digitalWrite(Gate3,HIGH);
delayMicroseconds(1000);
digitalWrite(Gate2,LOW);
digitalWrite(Gate3,LOW);
delayMicroseconds(200);//Dead time
digitalWrite(Gate1,HIGH);
digitalWrite(Gate4,HIGH);
delayMicroseconds(1000)
}
```

APÊNDICE-B

Código de correção do fator de potência

```
#include "C:\Users\usman\Desktop\arduino-
1.0.4\libraries\TimerOne\TimerOne.cpp"
const float frequency=33000;   // Select switching frequency
const float RC=0.000029;       // Select Time constant for integrator
float Vc=200;                  // Select Reference point for Maximum Power
//Point
const float h=0.00001;         // Select step size for Euler method
int Gate1=5;                   // Select Pin7 as driving pin for gate1
int Gate2=6;                   // Select Pin8 as driving pin for gate2
int Gate3=7;                   // Select Pin12 as driving pin for gate3
int Gate4=8;                   // Select Pin13 as driving pin for gate4
int Vgrid=A0;                  // Select Analog input pin A0 for grid voltage
int Vpv=A1;                    // Select Analog input pin A1 for Pv Cell voltage
int Io= A2;                    // Select Analog input pin A2 for output current
float VgridValue;              // variable to store the value coming from the
//Grid
float VpvValue;                // variable to store the value coming from the
//PVarray
float IoValue;                 // variable to store the value coming from output
//current
```

```
float Vm;                    //integrated volta

volatile boolean toggle=1;
        int count;

 //Interrupt service for Positive half
        void positive()
 {
                digitalWrite(Gate2,LOW);
                digitalWrite(Gate4,LOW);
                digitalWrite(Gate3,HIGH);
                                        toggle=1;
 }
         //Interrupt service for negative half
 void negative()
 {
                digitalWrite(Gate1,LOW);
                digitalWrite(Gate3,LOW);
                digitalWrite(Gate2,HIGH);
                toggle=0;
 }
```

```
void setup()
{
  pinMode(Gate1,OUTPUT);
  pinMode(Gate2,OUTPUT);
  pinMode(Gate3,OUTPUT);

pinMode(Gate4,OUTPUT);
Serial.begin(115200);
attachInterrupt(0,positive,RISING);
attachInterrupt(1,negative,RISING);

}
void loop()
{
if(toggle)
{
        digitalWrite(Gate1,HIGH);
        while(1)
        {
VpvValue=analogRead(Vpv);                //interpretation process required
VgridValue=analogRead(Vgrid);//interpretation process required
 VgridValue=VgridValue;
 count=analogRead(Io);            //interpretation process required
```

```
                    IoValue=(0.0264*count)-13.51;
                    Serial.print("Vgrid: ");
                    Serial.print(VgridValue);
                    Serial.print("   IoValue: ");
                    Serial.println(IoValue);
                    Vm=(Vm+((Vc-Vpv)/RC)*h);

        if ((VgridValue)<=IoValue)
        {
            digitalWrite(Gate1,LOW);          // Flip_flop_Set=0;
            break;
        }
       }

}
 else
      {
          digitalWrite(Gate4,HIGH);
 while(1)
        {
/VpvValue=analogRead(Vpv)*(5)/1023);          //interpretation process
required
 VgridValue=analogRead(Vgrid);//interpretation process required
```

```
VgridValue=VgridValue;

count=analogRead(Io);
 IoValue=(0.0264*count)-13.51;
 //  Serial.print("Vgrid: ");
 //  Serial.print(VgridValue);
// Serial.print("   IoValue: ");
 //  Serial.println(IoValue);

 //Vm=(Vm+((Vc-Vpv)/RC)*h);
  if ((VgridValue)<=IoValue)
        {
              digitalWrite(Gate4,LOW);                    // Flip_flop_Set=0;
              break;
        }
              }
}
```

REFERÊNCIAS

Recursos da Internet

[1] http://www.tbl.com.pk/the-feasibility-of-renewable-energy-in-pakistan/

[3] http://www.pveducation.org

Documentos e livros

[4] "Shahz ada Adnan, Azmat Hayat Khan, Sajjad Haider e Rashed Mahmood.(2012), Solar energy potential in Pakistan, JOURNAL OF RENEWABLE AND SUSTAINABLE ENERGY 4 , (032701)"

[5] Yang Chen e Keyue Ma Smedley, "A Cost-Effective Single-Stage Inverter With Maximum Power Point Tracking," IEEE Tran. Power Electronics, vol.19, no.5, Sep. 2004.

[6] Giovanni Petrone, Giovanni Spagnuolo e Massimo Vitelli, "A Multivariable Perturb-and-Observe Maximum Power Point Tracking Technique Applied to a Single- Stage Photovoltaic Inverter," IEEE Tran. Ind. Electron. Vol.58, no.1, Jan. 2011.

[7] Keyue Ma Smedley e Slobodan Cuk "ONE-CYCLE CONTROL OF SWITCHING CONVERTERS," IEEE Tran. Power Electronics, vol.10, no.6, Nov. 1995.

[8] Keyue Ma Smedley, "One-cycle Controller for renewable energy conversion systems," IEEE Industrial Electronics Conference, Nov. 2008.

[9] Yang Chen, Keyue Smedley, Francois Vacher e Jack Brouwer, "A New Maximum Power Point Tracking Controller for Photovoltaic Power Generation", IEEE Applied Power Electronics Conference and Exposition, fevereiro de 2003.

yes
I want morebooks!

Buy your books fast and straightforward online - at one of world's fastest growing online book stores! Environmentally sound due to Print-on-Demand technologies.

Buy your books online at
www.morebooks.shop

Compre os seus livros mais rápido e diretamente na internet, em uma das livrarias on-line com o maior crescimento no mundo! Produção que protege o meio ambiente através das tecnologias de impressão sob demanda.

Compre os seus livros on-line em
www.morebooks.shop

info@omniscriptum.com
www.omniscriptum.com

Printed by Books on Demand GmbH, Norderstedt / Germany